图书在版编目 (CIP) 数据

门捷列夫很忙：给孩子的化学启蒙."活泼"和"懒惰"的元素 / 李金炜著；七酒米绘. -- 北京：外语教学与研究出版社，2022.10（2024.6 重印）
ISBN 978-7-5213-3961-1

Ⅰ. ①门… Ⅱ. ①李… ②七… Ⅲ. ①化学－少儿读物 Ⅳ. ①O6-49

中国版本图书馆 CIP 数据核字 (2022) 第 167990 号

出 版 人　王　芳
策划编辑　汪珂欣
责任编辑　于国辉
责任校对　汪珂欣
美术统筹　许　岚
装帧设计　卢瑞娜
出版发行　外语教学与研究出版社
社　　址　北京市西三环北路 19 号（100089）
网　　址　https://www.fltrp.com
印　　刷　北京捷迅佳彩印刷有限公司
开　　本　787×1092　1/12
印　　张　20
版　　次　2022 年 10 月第 1 版　2024 年 6 月第 7 次印刷
书　　号　ISBN 978-7-5213-3961-1
定　　价　200.00 元（全套定价）

如有图书采购需求，图书内容或印刷装订等问题，侵权、盗版书籍等线索，
请拨打以下电话或关注官方服务号：
客服电话：400 898 7008
官方服务号：微信搜索并关注公众号"外研社官方服务号"
外研社购书网址：https://fltrp.tmall.com

物料号：339610001

记载人类文明
沟通世界文化
www.fltrp.com

门捷列夫很忙：给孩子的化学启蒙

"活泼"和"懒惰"的元素

李金炜 / 著　　七酒米 / 绘

外语教学与研究出版社
北京

不同物质的化学性质通常都会有差异，就像人有急脾气和慢性子一样，其中有些物质连空气和水都不能碰，一碰就会发生剧烈反应。但其中也有一些物质，无论你如何加热、电解、加压、降温，它们都没有任何反应。

这次，门捷列夫先生要带我们了解那些特别"活泼"与特别"懒惰"的元素。

让我们先把目光投注到元素周期表的最左侧，那里聚集着大量暴脾气的碱金属元素。

2

元素周期表

钠　　　　　钾

这不是什么魔术表演，而是钠和水的化学反应。

如果觉得钠和水的反应不够剧烈，我们来看看钾。不需要点燃或加热，钾可以在水里直接爆炸。

3

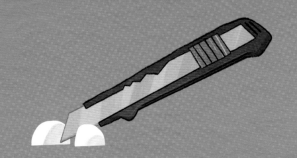

这就是钠，一种用小刀就可以轻松切下一块来的金属。这听起来有点不可思议，但是锂和钠等碱金属都是这样的"豆腐金属"。

一碰到水，钠便会立即大发雷霆，变得十分暴躁，甚至发生爆炸！人们通常把钠存放在煤油里。

放我出去，我要去找水玩！

钠

说起钠的发现史，就必须提到 19 世纪英国化学界的"颜值担当"——戴维。

20多岁时的戴维，外表英俊，才学过人，备受当时英国上流社会的追捧。不过他是一个明明可以靠颜值，却偏要靠实力"碾压众生"的科学家。

1807年，戴维利用**电解法**，首先电解出了金属钾。六周以后，他又电解出了金属钠。

电解法成了当时发现新元素最为有效的方法之一，戴维发现并制取了钾、钠、钙、镁、钡等多种元素单质，成为化学史上发现新元素最多的人。

钾 钠 钙 镁 钡

　　由钠、钾等脾气暴烈的金属组成的物质，居然有一个令人无法割舍的特点，那就是美味。长久以来，钠元素在人类的厨房里占据着重要地位。

　　其中重要的代表就是氯化钠，也就是食盐。如果你需要低钠饮食的话，可以考虑一下氯化钾，它也是咸咸的味道，不过多了点金属味儿。碱金属的氯化物里，**味道最好**的就是氯化钠了。

数千年来，食盐作为人类**必不可缺的调味料**，不仅给我们的食物增添滋味，更成为人体必需摄入的物质之一。

钠元素和人们的饮食确实有着千丝万缕的联系。比如我们在厨房里经常用到的小苏打，就是**碳酸氢钠**。

小苏打和发酵的面粉发生反应，产生了二氧化碳，这使面食更加蓬松，同时起到了中和面食酸味的作用。

无论是面包、馒头，还是油条……加入小苏打后便会改头换面。

把小苏打加入饼干里，就成了苏打饼干。

把小苏打溶解到水里可以制成**苏打水**。这种苏打水和我们常喝的**碳酸饮料**不太一样，那里面加入的是二氧化碳。苏打水虽然呈弱碱性，但是否可以调节人体酸碱平衡，那就需要进一步证实了。

让我们告别好吃的"钠"，跟随门捷列夫先生关注坚固的"钙"。

钙在元素周期表中位于左侧第二列，这一列的元素被称为"碱土金属"，它们的脾气也都不太好。

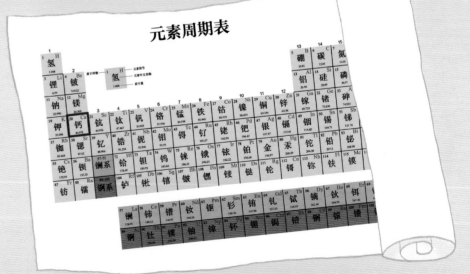

钙在地球上是**第五丰富的元素**，由于它非常活泼，因此我们发现它总是和其他元素结合在一起，比如碳酸钙。

大块的碳酸钙就是古往今来**建筑装修的神器**——大理石！大理石因为盛产于云南大理而得名。

其中**最为洁白的一种大理石被称为汉白玉**。北京天安门广场是欣赏汉白玉的最佳场所之一。金水桥、华表，故宫的护栏、台阶，还有人民英雄纪念碑，大多由汉白玉雕琢而成。

希腊的帕特农神庙、印度的泰姬陵、土耳其的索菲亚大教堂、俄罗斯的冬宫……这些建筑都大量使用了大理石。

大理石还是艺术家手中最理想的原料之一。卢浮宫的镇馆之宝——《胜利女神像》和《断臂的维纳斯》，米开朗琪罗的名作《大卫》，这些艺术作品也是由大理石雕刻而成的。

大理石主要由碳酸钙构成，它之所以如此受欢迎，是因为大理石比很多岩石更便于打磨和雕刻，同时还有着细腻光滑的触感。

是的，钙意味着坚固。钙不仅在岩石和泥土中是这样，很多生物，包括我们人类，也都选择钙组成**身体最坚硬的部分**。人们最熟悉的恐怕就是螃蟹和贝类。

为了抵御天敌的捕食，螃蟹和各种贝类用碳酸钙制造了自己的铠甲，这确实大大提高了它们的生存概率。

贝类的珍珠，它的主要成分也是碳酸钙。当然，这也是人类的最爱。其他拥有钙质外壳的动物还有蜗牛、珊瑚虫，以及乌龟。

和这些生物用钙质做身体外部的保护壳不同，人类把钙留在了体内。平均每个成人体内有**1千克的钙**，它们99%都存在于骨骼和牙齿中。人类的骨骼和牙齿的坚固程度可能会超出你的想象。看看大力士展示自己是如何用牙齿拖动汽车的吧。

普通人也可以用牙齿咬碎坚果。当然，我们不建议你这么做。

成人的小腿胫骨可以承受**超过 1.6 吨**的纵向压力，这个数值已经超过了花岗岩的。

当然，这只是一种计算结果，在实际生活中，强大的外力可能使你骨折。

当骨折发生后，断面首先会长出一个血块，然后骨骼肌纤维从里面生长出来，把断裂的末端连接起来。**成骨细胞**是一种神奇的细胞，它们会聚集和沉淀含钙的矿物质，从而形成新的骨骼。三个月后，受了伤的人就又变成了一条好汉。

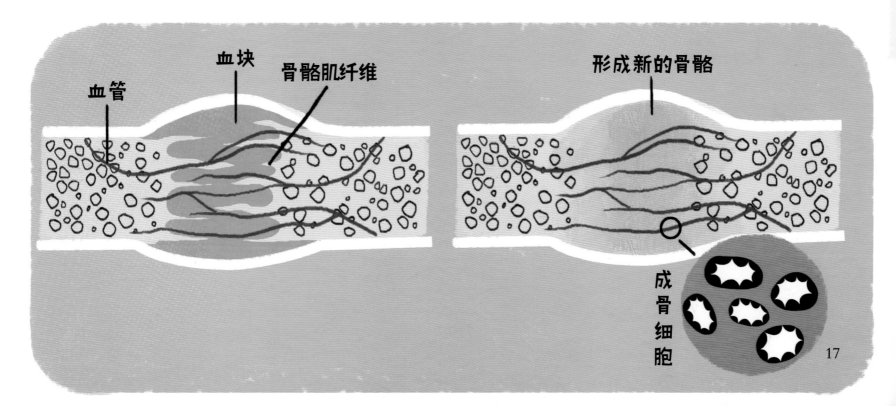

血管　　血块　　骨骼肌纤维　　形成新的骨骼　　成骨细胞

17

除去骨骼和牙齿，只有**1%**的钙存在于**人体的体液中**，但它们无比重要。

钙离子会帮助肌肉在电刺激下进行收缩。

另外，我们的哪部分肌肉需要不断收缩和舒张呢？没错，是心脏。钙离子帮助我们的心脏持续稳定地工作。

此外，钙还可以**促使神经信号进行传导**，向免疫系统提供外敌入侵的信号。

钙对我们是如此的重要，难怪各种补钙的广告充斥着我们的生活。

19

我们已经了解了钠和钙，它们是有着暴烈脾气的金属，同时也是人体必需的元素。

那么金属中脾气最差的又是谁呢？我们同样要在元素周期表的最左侧寻找。

是铯，它被公认为是最活跃的金属元素。

1860年，德国科学家基尔霍夫和本生通过光谱分析法发现了从未观测到的新元素的淡蓝色谱线，他们把这种新的元素命名为"铯"，源于拉丁文，意思是"蔚蓝的天空"。

在安静的状态下，铯散发着耀眼的金色光芒。

不过，一旦把铯放到水里……快跑！

请记住，即便你有能力找到提纯后的铯，也不要在家里进行这样的实验。

目前为止，我们认识的都是金属中的"暴君"。它们太过活跃，很难以真实的面目和我们见面。那么，哪些金属**不活跃**呢？

那就要在元素周期表**中间偏右的部分**寻找了，由于它们非常稳定，其中一些元素很早以前就被人们发现并使用。

比如——铜。

钠在水中可以发生爆炸。但是把铜放进水里，只会沉底。

不光是水，就算把铜放进稀盐酸和稀硫酸里，它也不会溶解。

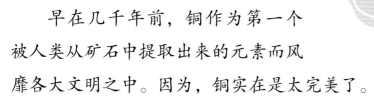

　　早在几千年前，铜作为第一个被人类从矿石中提取出来的元素而风靡各大文明之中。因为，铜实在是太完美了。

　　它**足够软**，可以用来加工成各种精美的器物。

　　它又**足够硬**，尤其是在加入锡、铅等金属形成青铜合金的时候。

　　距今 5000 年前，两河流域的苏美尔文明就进入了青铜时代。他们用青铜武器装备了**常备军队**。

　　1886 年，自由女神像刚刚建成的时候是光彩熠熠的**黄铜色**，不过在潮湿的环境中，它的表皮逐渐形成了一层碱式硫酸铜。到了 1900 年，自由女神像就**由黄变绿**了。

　　令人欣慰的是，这层碱式硫酸铜具有防水效果，给自由女神像镀上了一层**防水防腐蚀的天然保护外衣**。

前　　　后

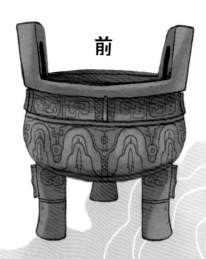

青铜器被腐蚀前后

23

铜是所有金属中导电性能第二强的，因此，我们的电线通常都是用铜做的。

电子

那为什么不用导电性最强的金属来做电线呢？因为常温下导电性排名第一的是银，而银的导电性只比铜高出10%，但它的价格比铜高出近百倍，用银来做电线，是不是有点太奢侈了！

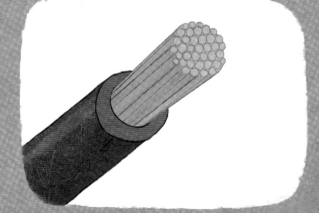

银线路

电子

铜线路

让我们接着来说说银吧。它也是最不活跃的金属之一。

不活跃也就意味着可以长时间留存，再加上银的储量相对稀少，因此自古以来就是**重要的流通货币**。

人们曾经铸造了大量银币，不过这种钱有一个致命问题，那就是银太容易磨损，用着用着，钱就用"没"了……

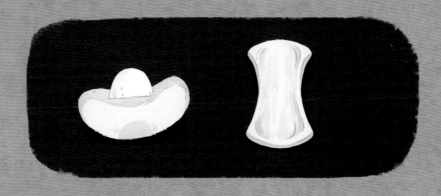

银是与人体皮肤最为亲和的**金属之一**。如果你的妈妈打了耳洞又怕过敏或者感染的话，就让她戴上纯银耳环吧。

　　银的另一个特性是它拥有**金属中最强的反射性**。如果你的家里有寿命超过20年的镜子或者保温瓶，那么恭喜你，你拥有了两件银器，因为那时的镜子和保温瓶胆涂层材料用的是银。但是，你不要认为自己发了大财，由于银拥有极其强大的延展性，**一克银可以拉成一根将近2000米的银丝**，所以镜子和保温瓶胆涂层上的银实在值不了多少钱。

银虽然在世界金融史上有着相当显赫的地位，但在绝大多数时间里都比不上它的兄弟——金。

金是最稳定的金属之一。一般的酸和碱对金都无可奈何。在通常的条件下，黄金可以**永不生锈，永葆"青春"**。几十亿年后，当地球即将毁灭之时，我们做的纯金艺术品，或许依然像它被制成那天一样熠熠生辉。

20米

    金的储量十分稀少，到底有多稀少呢？自古以来，人类开采的全部黄金，用一个边长大约 20 米的立方体就可以全部盛下。

    黄金实在太光彩夺目了，数千年来，它成了财富的象征，并对人类的金融体系影响深远。我们知道有一种货币体系叫"金本位"制度，简单来说就是货币发行要以相应的黄金价值为依托。为什么要选择黄金？因为黄金是人类共同信赖的、有价值的东西。

由于金的导电性能也非常强大，而且具有不生锈的特质，它成了电器触头的首选。可以想象，在一块遍布成千上万触点的电路板上，无论哪一个点出现锈蚀，都会使得整个元件失灵。

所以，黄金在电子产品中的应用非常广泛，**每年有几十亿元的黄金用于生产手机**。现在，你是不是对回收手机这门生意开始感兴趣了呢？

金有一个惹人爱的优点，那就是常态下完全无毒。世界卫生组织在1983年就已经规定，黄金可以作为食品添加剂。因此，在一些国家，有人开始享用金箔巧克力、金箔蛋糕等食品。

当然，金箔并没有什么延年益寿的功用，大肆宣传食用金箔只会助长人们的奢靡享乐之风。目前，**根据我国食品安全相关法律法规的规定，金箔、银箔等不是食品添加剂，不能将其加入食品中。**

我们已经领略了最活跃和最冷静金属的风采。接下来我们来看一下**非金属**。

我们知道，氟气、氯气等是非常活泼的非金属气体，它们被称为是充满毒性的"暴君"。

而在整个元素周期表的最右侧，有一列非金属元素——氦、氖、氩、氪、氙、氡等，它们各自的气体单质极其不活跃，这些气体被人们称为**惰性气体**。

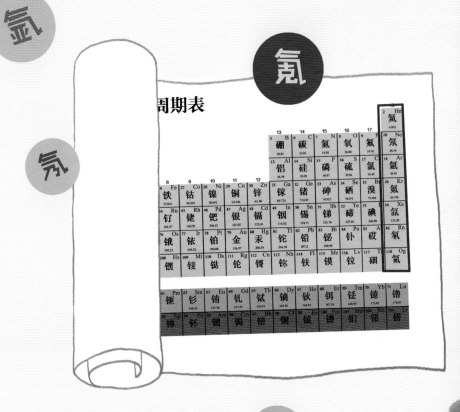

其实惰性气体的另一种叫法更好听一点，它们是一群"贵族"气体，生性稳定，但性格孤傲，不愿意和别人打交道。

19 世纪末，英国化学家**拉姆塞**通过光谱分析法先后发现了氩和氦两种元素。他根据门捷列夫发现的元素周期律大胆预测，一定还有三种元素与氩和氦的性质类似，并且排在同一列。果然，拉姆塞随后又发现了氖、氪和氙，元素周期表缺失的一族被完美地补上。门捷列夫最后也欣然接受了这一科学成果。

在通电的状态下，惰性气体可以发出缤纷的颜色。

人们利用这一特点，发明了霓虹灯，这种灯直到今天仍然在装点着我们城市的夜色。

惰性气体并非只有这么一点用处。虽然它们非常不愿意和其他物质产生反应，但这个特点使得它们拥有了自己独特的舞台。

由于氦气非常不活泼，因此可以把它用作电弧焊接时的保护气。

而用氦气填充的气球既可以飞向高空，又不会有爆炸的风险。尽管如此，自己使用氦气还是有风险的，千万要小心。

氢气球虽然好玩，但相当危险。

氢气

曾经有一段时间，汽车是否装备了氙气大灯成了评判配置高低的标准之一。的确，氙可以发出极其明亮的电弧光。

不过这股风潮很快就过去了，原因只有一个，氙气大灯太亮了，它会把对面车里的驾驶员晃得头晕眼花。现在氙气大灯已经被 LED 光源取代。

但在一个地方却特别需要氙发出的强光，那就是 IMAX 影院。在重达 1.8 吨的放映机里，大功率的短弧氙灯把清晰明亮的画面投射在巨幕上。

不过随着**技术的改进**，新一代激
光放映机已经投入使用。看来氙又要
开始寻找自己的用武之地了。

在门捷列夫先生的引领下，我们认识了遇水就炸的钠与钾，也对金银财宝有了
更深刻的了解。这个世界存在着凶猛的卤素，空气中也遍布着懒洋洋的惰性气体。
不管是坏脾气的"暴君"，还是高冷的"贵族"，元素的世界如同人类社会一样，100
多种元素外形各异，性格多样，却又和谐地共生于宇宙之中。

最后，我们来看看中国对稳定金属悠久的**开发史**。

在世界文明发展史上，中国虽然不是最早进入青铜时代的文明，但对青铜器最为着迷。

商后母戊鼎是目前已知世界上最大的青铜器，四羊方尊的精致令人叹为观止，越王勾践剑至今锋利无比，战国曾侯乙编钟历经千年仍然可以演奏……**在对青铜的使用上，没有哪个文明比中国更出色。**

　　性能稳定的金属在货币领域也有广泛的应用。中国历史上，金属货币的材质有铜、铁、银、金等。

　　大多数时候，人们用铜钱进行交易。

　　明清时期，欧洲人在美洲发现了储量巨大的银矿，为了购买令人心驰神往的丝绸和瓷器，他们夜以继日地把白银运往中国。

　　直到现在，我们仍然要把钱存到"银"行里。

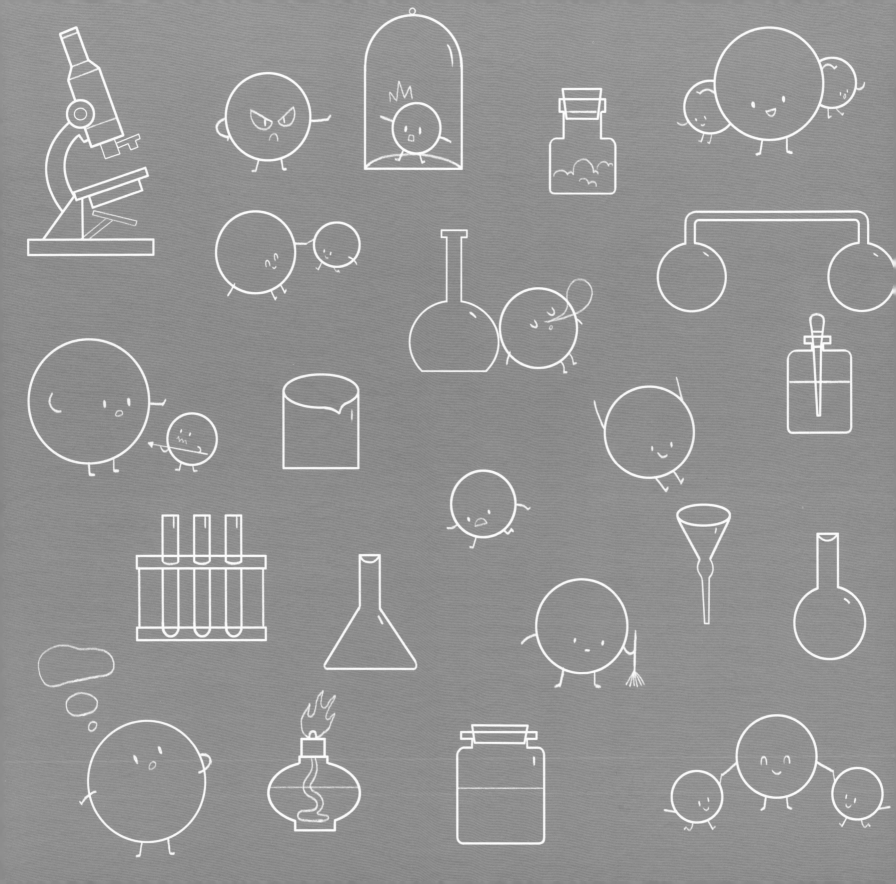